普通高等学校工程训练"十四五"规划教材

普通高等学校工程训练精品教材

工程训练——车削分册

主　编　马　晋

副主编　陈　文　徐　攀　郝明智　向李程

参　编　李旭荣

U0193754

华中科技大学出版社

中国·武汉

内 容 简 介

为积极推进新工科建设及工程训练实践教学改革,湖北高校教师联合编写了"普通高等学校工程训练精品教材"系列教材。

本书内容共有 6 章:第 1 章为切削加工概述,介绍了切削加工的基本知识;第 2 章为车削加工及机床,介绍车削加工的基本方法及车床结构原理;第 3 章为车刀的结构、刃磨及安装,介绍车刀的结构、种类及安装方法;第 4 章为车床操作及车削训练,介绍车床的操作方法及基本操作训练;第 5 章为零件的车削,介绍典型零件的加工方法;第 6 章为车削工艺,介绍机械加工工艺过程及工序、工步安排。

本书可作为普通高等学校相关专业的教材,也可作为行业和企业相关工程技术人员的参考用书。

图书在版编目(CIP)数据

工程训练.车削分册 / 马晋主编. -- 武汉 : 华中科技大学出版社,2024. 7. -- ISBN 978-7-5772-1026-1

Ⅰ. TH16

中国国家版本馆 CIP 数据核字第 2024KB0015 号

工程训练——车削分册　　　　　　　　　　　　　　　　马 晋 主编
Gongcheng Xunlian——Chexiao Fence

策划编辑:余伯仲
责任编辑:罗 雪 周 麟
封面设计:廖亚萍
责任监印:朱 玢
出版发行:华中科技大学出版社(中国·武汉)　　　电话:(027)81321913
　　　　　武汉市东湖新技术开发区华工科技园　　　邮编:430223
录　排:武汉三月禾文化传播有限公司
印　刷:武汉市洪林印务有限公司
开　本:710mm×1000mm　1/16
印　张:4
字　数:66 千字
版　次:2024 年 7 月第 1 版第 1 次印刷
定　价:19.80 元

普通高等学校工程训练"十四五"规划教材

普通高等学校工程训练精品教材

编写委员会

前　言

　　机械制造工程实训是高等院校学生建立机械制造生产过程的概念、学习机械制造基本工艺的方法、培养学生工程意识、提高工程实践能力的课程。它对学生学习后续专业课程以及将来的实际工作具有深远影响。

　　车削加工是机械加工的重要部分，主要用于轴类、盘类、套筒类等具有回转表面的工件。

　　车削加工是机械制造工程实训中的重要教学内容。本书介绍了车床、车刀、车削加工基本工艺及基本操作技能、安全操作规程要求等车削加工基础知识，为学生提供了实用的教学内容，并配备相应的教学实例，以期本书内容具有综合性、实践性和科学性的特点。

　　本书由武汉理工大学工程训练中心马晋担任主编；武汉理工大学工程训练中心陈文，湖北工程学院机械工程学院徐攀，湖北工业大学现代工程训练与创新中心郝明智、向李程担任副主编。本书在编写过程中得到了各参与编写院校领导和老师的大力支持，在此表示衷心的感谢。

　　由于编者水平有限，书中难免有不妥和疏漏之处，恳请读者批评指正。

马　晋

2024 年 2 月

目　　录

第1章 切削加工概述

在现代机器制造中,切削加工占全部机器制造加工工作量的1/3。为了生产出合格的机器和装置,利用切削工具从工件或毛坯上切除多余的材料,以获得尺寸、形状、位置和粗糙度完全符合图纸要求的零件的加工方法称为切削加工。

1.1 切削加工的分类

切削加工方法分为机械加工和人工加工两大类。

1. 机械加工(机工)

机械加工是由人工操作机床来完成工件的切削加工。常用的机械加工方法有车削、钻削、铣削、刨削、磨削等,如图1-1所示。

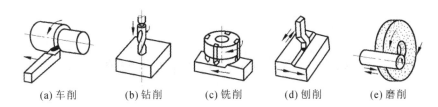

(a) 车削　　(b) 钻削　　(c) 铣削　　(d) 刨削　　(e) 磨削

图1-1 常用的机械加工方法

2. 人工加工(钳工)

人工加工一般是指通过人工手持工具切削加工工件,常用的人工加工方法有锯削、锉削、錾削、刮削、研磨、钻孔、攻螺纹、套螺纹等。由于人工加工使用工具简单,加工灵活,是装配修理中不可缺少的加工方法,在现代加工中,人工加工的加工方法也朝着机械化的方向发展。

1.2　切削加工的切削运动

在机械加工中,不管采用哪种机床加工,刀具与工件之间都应具有相对运动。由于切削加工的作用不同,可以将它们分为两大类运动,即主运动和进给运动。

1. 主运动

主运动是指提供切削的最基本的运动,它是切削过程中机床消耗动力最大、速度最快的运动,而且在切削加工中,主运动一般只有一个。例如,车削中工件的旋转运动,铣削中刀具的旋转运动,牛头刨床加工中刀具的往复直线运动,磨削中砂轮的旋转运动。

2. 进给运动

进给运动是指提供连续切削的运动,也就是当主运动完成一个切削周期以后,将工件多余材料不断切除的运动。在切削加工中,进给运动有一个或几个。例如,车床车削中车刀的移动,铣床铣削中工件的水平移动,牛头刨床刨平面时工件的间歇移动,平面磨床磨削中工件的往复移动,钻床钻削中钻头的移动。

1.3　切削加工的切削三要素

切削加工中的切削三要素是指切削速度 v_c、进给量 f、切削深度(背吃刀量)a_p。根据不同的加工情况,选择不同的切削要素。例如,车削、铣削、刨削的切削三要素如图 1-2 所示。

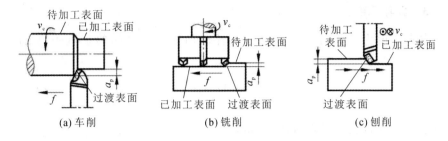

图 1-2　切削三要素

1. 切削速度 v_c

切削速度指单位时间内工件和刀具在主运动方向上相对移动的距离,即刀具在工件表面切削的线速度(m/min 或 m/s),用 v_c 表示。

车削、钻削和铣削的切削速度为

$$v_c = \frac{\pi D n}{1000}(\text{m/min})$$

磨削的切削速度为

$$v_c = \frac{\pi D n}{1000 \times 60}(\text{m/s})$$

刨削的切削速度为

$$v_c = \frac{2 L n_r}{1000}(\text{m/min})$$

式中:D——工件待加工表面或刀具砂轮切削处的最大直径(mm);

　　　n——工件、刀具、砂轮的转速(r/min);

　　　n_r——牛头刨床刨刀每分钟往复次数(str/min);

　　　L——牛头刨床刨刀的往复行程长度(mm)。

2. 进给量 f

切削加工过程中,主运动的一个工作循环或单位时间内刀具与工件沿进给方向相对移动的距离称为进给量,用 f 表示。例如:车削中工件旋转一圈,车刀沿工件进给方向移动的距离(mm/r);铣削中工件每分钟沿工件进给方向移动的距离(mm/min);刨削中刨刀往复一次沿工件进给方向移动的距离(mm/str)。

3. 切削深度 a_p

切削深度为工件待加工表面与工件已加工表面之间的垂直距离,用 a_p 表示。

$$a_p = \frac{D - d}{2}$$

式中: d——工件已加工表面直径(mm)。

1.4 零件加工的技术要求

只有按照设计要求加工出来的零件,才能用于生产合格的机器。为了达到机器设备的性能和使用寿命的要求,需要对各种零件提出不同的技术要求。零件加工的技术要求有以下几个方面。

1. 表面粗糙度

切削的过程,就是挤压变形的过程。由于挤压、摩擦等原因,已加工的表面质量会受到不同程度的影响。看似非常光滑的表面,放大看,会发现它们高低不平,有微小的峰谷。微小峰谷的高低程度和间距为表面粗糙度。表面粗糙度的评定参数,常用轮廓算术平均值 Ra 来表示,其单位为 μm。

国家标准 GB/T 1031—2009《产品几何技术规范(GPS) 表面结构 轮廓法 表面粗糙度参数及其数值》中详细规定了表面粗糙度的各种参数及其数值,常用的切削方法与加工表面粗糙度 Ra 值的对应表如表 1-1 所示。

2. 精度

精度是指零件在切削加工后,其尺寸、形状等参数的实际数值同它们绝对准确的理论数值相符合的程度。相符合的程度越高,精度就越高。

1) 尺寸精度

尺寸精度是指加工零件实际尺寸与理想公称尺寸的相符合程度,尺寸精度是由尺寸公差来决定的。尺寸公差是加工中尺寸的允许变动范围,同一尺寸的零件,尺寸公差越小,尺寸精度越高;尺寸公差越大,尺寸精度越低。

表 1-1　常用的切削方法与加工表面粗糙度 Ra 值的对应表

Ra 值/μm	表 面 特 征	加 工 方 法
50	可见明显刀痕	粗加工:车、铣、刨、镗、钻孔
25	可见刀痕	
12.5	微见刀痕	
6.3	可见加工痕迹	半精加工:车、铣、刨、镗
3.2	微见加工痕迹	
1.6	不见加工痕迹	精加工:车、铣、刨、镗
0.8	可辨加工痕迹方向	粗加工磨
0.4	微辨加工痕迹方向	精加工磨
0.2	不可辨加工痕迹方向	
0.1~0.008	按表面光泽判断(镜面)	精密加工

国家标准 GB/T 1800.1—2020、GB/T 1800.2—2020 将尺寸精度的标准公差等级分为 20 级,分别用 IT01、IT0、IT1~IT18 表示,IT01 公差值最小,尺寸精度最高。

尺寸精度越高,其表面粗糙度 Ra 值越小。但是表面粗糙度 Ra 值小,尺寸精度却不一定高。例如外科手术刀、剪刀等表面很光洁,表面粗糙度 Ra 值很小,但外形尺寸却不精确。

2) 形状精度

只有精确的尺寸和较低的表面粗糙度,还不能满足机械设备的装配要求。机械设备的装配对零件的形状和相互位置也提出了相应要求,称为形状精度,以图 1-3 中轴的形状示例说明。

图 1-3 上零件的尺寸都在尺寸公差范围以内,但它们对应 8 种形状精度。

5

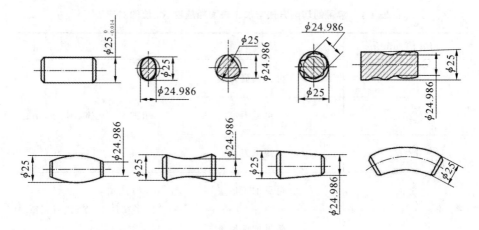

图 1-3　轴的形状示例

在机械设备的装配中,不同形状精度对机械设备的使用效果会产生不同的影响,所以对零件的形状精度要用 6 种参数加以控制。

零件的形状精度是指零件上的线、面要素相对理想形状的准确程度,它可以用形状公差来控制。国家标准 GB/T 1182—2018、GB/T 4249—2018、GB/T 16671—2018 中规定了形状公差,其名称和符号见表 1-2。

表 1-2　形状公差的名称及符号

项目	直线度	平面度	圆度	圆柱度	线轮廓度	面轮廓度
符号	—	▱	○	⌀	⌒	⌓

3) 位置精度

零件点、线、面的准确位置与实际位置的误差称为位置精度。加工中由于各种因素造成误差是不可避免的。

按照国家标准 GB/T 1182—2018《产品几何技术规范(GPS)几何公差 形状、方向、位置和跳动公差标注》规定,相互位置精度用位置公差来控制,位置公差共有 8 项,位置公差的名称及符号见表 1-3。

零件技术要求的部分标注示例如图 1-4 所示。

表 1-3　位置公差的名称及符号

项目	平行度	垂直度	倾斜度	位置度	同轴度	对称度	圆跳动	全跳动
符号	∥	⊥	∠	⊕	◎	╪	↗	↗↗

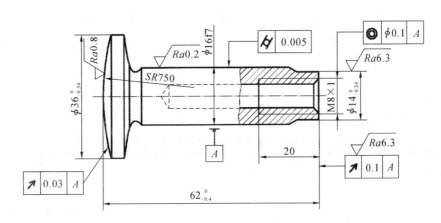

图 1-4　零件技术要求的部分标注示例

1.5　切削刀具及材料

金属切削过程中,刀具是完成切削加工的工具,刀具切削部分的材料和刀具的几何形状、切削角度直接影响零件的质量。

1. 刀具材料的性能要求

在刀具切削过程中,刀具承受很大的挤压、摩擦及高温的切削热,由于加工工件的不同,同时还会产生冲击、振动,因此对刀具的材料提出了以下的性能要求。

(1)硬度:刀具材料的硬度要高于工件材料的硬度,常温下一般要大于62 HRC。

(2)耐磨度:能够抵抗切削加工中的磨损。

（3）强度和韧性：能承受切削中的切削力、冲击和振动，防止刀具产生断裂及崩刃。

（4）热硬性：在高温下仍然保持刀具切削硬度。

（5）工艺性：便于制造，满足锻造、轧制、焊接、切削加工和热处理的工艺性要求。

（6）化学稳定性：切削中不易与被加工的材料产生化学反应，不黏结。

2. 刀具材料的种类

刀具材料的种类很多，主要有工具钢、高速钢、硬质合金、陶瓷、金刚石、立方氮化硼等。

常用刀具材料的主要性能、牌号及用途见表1-4。

表1-4 常用刀具材料的主要性能、牌号及用途

种类	硬度（淬火）	热硬度/℃	抗弯强度（×10³）/MPa	常用牌号		用途
碳素工具钢	60~64 HRC 81~83 HRA	200	2.5~2.8	T8A T10A T12A		切削速度不高的刀具，如手动的锉刀、锯条
合金工具钢	60~65 HRC （81~83 HRA）	250~300	2.5~2.8	9CrSi CrWMn CrW5		切削速度不高的手动复杂刀具，如丝锥、板牙、铰刀
高速钢	62~70 HRC （82~87 HRA）	540~600	2.5~4.5	W18Gr4V W6Mo5Cr4V2		复杂的机动刀具，如钻头、铰刀、铣刀、齿轮刀具等
硬质合金	89~94 HRC （74~82 HRA）	800~1000	0.9~2.5	钨钴类 YG3 YG6、YG8	K类，K01 K10、K20 K30、K40	做成刀片，焊镶嵌在刀体上，如车刀刀头、铣刀刀头、刨刀刀头等
				铸铁加工		
				钨钛钴类，YT5、YT15、YT30	P类，P30 P40、P50	
				钢的精加工		

第2章 车削加工及车床

2.1 概　　述

车削加工是在车床上利用工件的旋转运动和刀具的移动来改变毛坯形状和尺寸,将其加工成所需零件的一种切削加工方法。其中,工件的旋转为主运动,刀具的移动为进给运动,如图 2-1 所示。

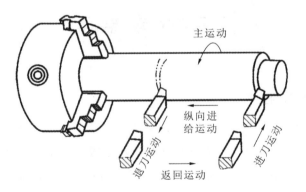

图 2-1　车削加工

车床主要用于加工各种回转体表面,如图 2-2 所示。加工的尺寸公差等级为 IT11～IT6,表面粗糙度 Ra 值为 12.5～0.8 μm。车床的种类很多,其中应用最广泛的是卧式车床。

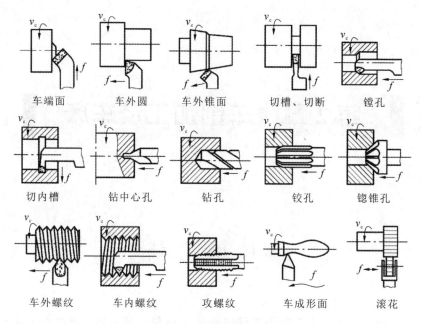

图 2-2　车床加工范围

2.2　卧 式 车 床

1. 卧式车床的型号

卧式车床用 C61×××来表示,其中:C 为机床分类号,表示车床类机床;61 为组系代号,表示卧式。其他数字或字母表示车床的有关参数和改进号。例如 C6132A 型普通车床中,"32"表示主要参数代号(最大车削直径为 320 mm),"A"表示重大改进序号(第一次重大改进)。

2. C6132 型普通车床主要部件名称和用途

C6132 型普通车床的主要组成部分如图 2-3 所示。

(1)床头箱:又称主轴箱,内装主轴和变速机构。变速是通过改变设在床头箱外面的手柄位置实现的,可使主轴获得 12 种不同的转速(45～1980 r/min)。主轴是空心结构,其空心部分能通过长棒料,棒料能通过主轴孔的最大直径是

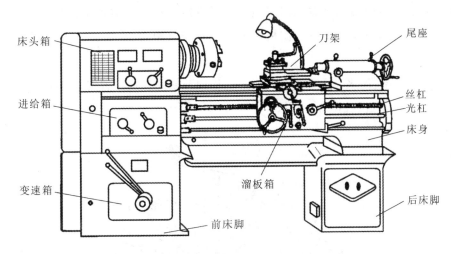

图 2-3　C6132 型普通车床的主要组成部分

29 mm。主轴的右端有外螺纹,用以连接卡盘、拨盘等附件。主轴右端的内表面是莫氏 5 号的锥孔,可插入锥套和顶尖,当插入顶尖并与尾座中的顶尖同时用来安装轴类工件时,两顶尖之间的最大距离为 750 mm。床头箱的另一重要作用是将运动传给进给箱,且可以改变进给方向。

(2) 进给箱:又称走刀箱,是进给运动的变速机构。它固定在床头箱下部的床身前侧面。变换进给箱外面的手柄位置,可将床头箱内主轴传递下来的运动,转为进给箱输出的光杠或丝杠所获得的不同转速,以改变进给量的大小或车削不同螺距的螺纹。其纵向进给量为 0.06~0.83 mm/r,横向进给量为 0.04~0.78 mm/r,可车削 17 种公制螺纹(螺距为 0.5~9 mm)和 32 种英制螺纹(2~38 牙/英寸,1 in=25.4 mm)。

(3) 变速箱:安装在车床前床脚的内腔中,并由电动机(4.5 kW,1440 r/min)通过联轴器直接驱动其内齿轮传动轴。变速箱外设有两个长的手柄,分别移动传动轴上的双联滑移齿轮和三联滑移齿轮,可总共产生 6 种转速,并通过皮带传动至床头箱。

(4) 溜板箱:又称拖板箱,是进给运动的操纵机构。溜板箱将光杠或丝杠的旋转运动,通过齿轮和齿条或丝杠和开合螺母,转变为车刀的直线进给运动。溜板箱上有三层溜板,当接通光杠时,可使床鞍(或称大溜板)带动中溜板、小溜板及刀架沿床身导轨做纵向移动;中溜板可带动小溜板及刀架沿床鞍上的导轨做横向移动。故刀架可做纵向或横向直线进给运动。当溜板箱接通丝杠并闭合开合螺母时可车削螺纹。溜板箱内设有互锁机构,使光杠、丝杠两者不能同时使用。

(5)刀架:用来装夹车刀,可做纵向、横向及斜向运动。刀架是多层结构,它由下列部分组成,如图2-4所示。

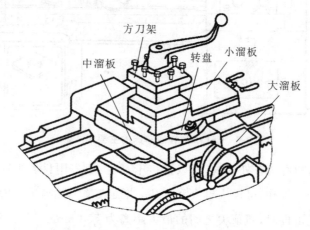

图 2-4 刀架

① 大溜板:与溜板箱牢固相连,可沿床身导轨做纵向移动。

② 中溜板:装置在大溜板顶面的横向导轨上,可做横向移动。

③ 转盘:固定在中溜板上,松开紧固螺母后,可转动转盘,使转盘和床身导轨成一个所需要的角度,而后再拧紧螺母,以加工圆锥面等。

④ 小溜板:装在转盘上面的燕尾槽内,可做短距离的进给移动。

⑤ 方刀架:固定在小溜板上,可同时装夹四把车刀。松开锁紧手柄,即可转动方刀架,再把所需要的车刀更换到工作位置上。

(6)尾座:用于安装后顶尖,以支持对较长工件进行加工,或安装钻头、铰刀等刀具进行孔加工。偏移尾座可以车出长工件的锥体。尾座的结构由下列部分组成,如图2-5所示。

① 套筒:其左端有锥孔,用以安装顶尖或锥柄刀具。套筒在尾座体内的轴向位置可用手轮调节,并可用套筒锁紧手柄固定。将套筒退至极右位置时,即可卸出顶尖或刀具。

② 尾座体:其与底座相连,当松开固定螺钉,拧动调节螺钉可使尾座体在底

板上做微量横向移动,尾座体横向调节如图 2-6 所示,以便使前后顶尖对准工件中心或偏移一定距离车削长锥面。

③ 底板:直接安装于床身导轨上,用以支承尾座体。

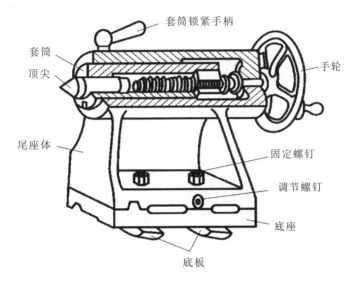

图 2-5　尾座

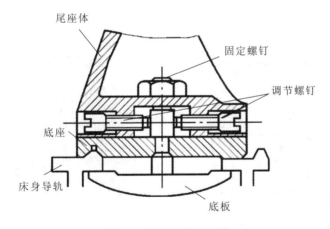

图 2-6　尾座体横向调节

（7）光杠与丝杠:将进给箱的运动传至溜板箱。光杠用于一般车削,丝杠用于螺纹车削。

（8）床身:车床的基础件,用来连接各主要部件并保证各部件在运动时有正确的相对位置。在床身上有供溜板箱和尾座移动用的导轨。

（9）前床脚和后床脚：用来支承和连接车床各零件的基础构件，床脚用地脚螺栓紧固在地基上。车床的变速箱与电动机安装在前床脚内腔中，车床的电气控制系统安装在后床脚内腔中。

2.3 车床附件及工件安装

工件的装夹及
切削参数讲解

工件安装的主要任务是使工件准确定位及夹持牢固。因为各种工件的形状和大小不同，所以有各种不同的安装方法。

1. 三爪自定心卡盘及工件安装

三爪自定心卡盘（简称三爪卡盘）是车床最常用的附件之一，如图 2-7 所示。三爪卡盘上的三爪是同时动作的，可以达到自动定心兼夹紧的目的。其装夹操作方便，但定心精度不高（爪遭磨损所致），工件上同轴度要求较高的表面，应尽可能在一次装夹中车出。三爪卡盘传递的扭矩也不大，故适于夹持圆柱形、六角形等中小型工件。

反爪

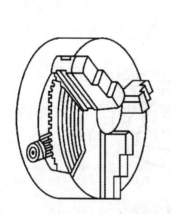
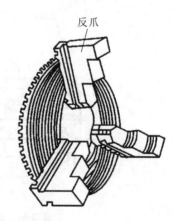

图 2-7 三爪自定心卡盘

三个卡爪有正爪和反爪之分，有的卡盘可将卡爪反装即成反爪，换上反爪即可安装较大直径的工件。装夹方法如图 2-8 所示。当工件直径较小时，工件可装夹于三个长爪之间，如图 2-8（a）所示；也可将三个卡爪伸入工件内孔中利用长爪的径向张力装夹盘、套、环状工件，如图 2-8（b）所示。当工件直径较大，用正爪不便装夹时,可将三个正爪换成反爪进行装夹,如图 2-8(c)所示。当工件长度大于其 4 倍直径时,应在工件右端用尾座顶尖支撑,如图 2-8(d)所示。

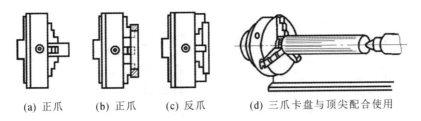

(a) 正爪   (b) 正爪   (c) 反爪   (d) 三爪卡盘与顶尖配合使用

图 2-8 用三爪卡盘装夹工件的方法

用三爪卡盘安装工件,可按下列步骤进行。

(1) 将工件在卡爪间放正,轻轻夹紧。

(2) 开动机床,使主轴低速旋转,检查工件有无偏摆,若有偏摆应停车,用小锤轻敲校正,然后紧固工件。紧固后,必须取下扳手。

(3) 移动车刀至车削行程的左端。用手旋转卡盘,检查刀架是否与卡盘或工件碰撞。

2. 四爪单动卡盘及工件安装

四爪单动卡盘(简称四爪卡盘)也是车床常用的附件之一,其装夹工件的方法如图 2-9 所示。四爪卡盘上的四个爪分别通过转动螺杆而实现单动。根据加工的要求,利用划针盘校正后,安装精度比三爪卡盘高。四爪卡盘的夹紧力大,适合用于夹持较大的圆柱形工件或形状不规则的工件。

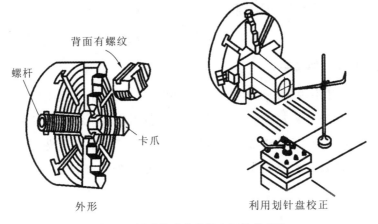

背面有螺纹

螺杆

卡爪

外形

利用划针盘校正

图 2-9 四爪单动卡盘装夹工件的方法

3. 顶尖

常用的顶尖有死顶尖和活顶尖两种,如图 2-10 所示。

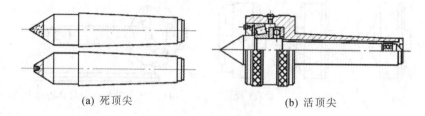

(a) 死顶尖   (b) 活顶尖

图 2-10 顶尖

4. 拨盘和卡箍(或称鸡心夹)

对于较长或加工工序较多的轴类工件,为满足工件同轴度要求,常采用双顶尖的装夹方法。如图 2-11(a)所示为用拨盘双顶尖装夹工件:工件支承在前后两顶尖间,由卡箍、拨盘带动旋转;前顶尖装在主轴锥孔内,与主轴一起旋转;后顶尖装在尾座锥孔内固定不转。有时也可用三爪卡盘代替拨盘装夹工件,如图 2-11(b)所示,此时前顶尖用一段钢棒车成,夹在三爪卡盘上,卡盘的卡爪通过卡箍带动工件旋转。

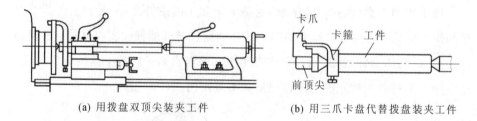

(a) 用拨盘双顶尖装夹工件   (b) 用三爪卡盘代替拨盘装夹工件

图 2-11 双顶尖的装夹方法

5. 花盘及工件安装

在车削形状不规则或形状复杂的工件时,三爪、四爪卡盘或顶尖都无法装夹,必须用花盘进行装夹,如图 2-12 所示。花盘工作面上有许多长短不等的径向导槽,使用时配以配重铁、压板、螺栓和垫铁等,可将工件装夹在盘面上。安装时,按工件的划线痕进行找正,同时要注意重心的平衡,以防止旋转时产生振动。

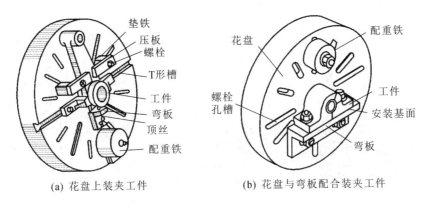

(a) 花盘上装夹工件   (b) 花盘与弯板配合装夹工件

图 2-12   花盘装夹工件

6. 心轴及工件安装

精加工盘、套类工件时,当孔与外圆的同轴度,以及孔与端面的垂直度要求较高时,工件须装夹在心轴上进行加工,如图 2-13 所示。这时应先加工孔,然后以孔定位将工件安装在心轴上,再一起安装在两顶尖上进行外圆和端面的加工。

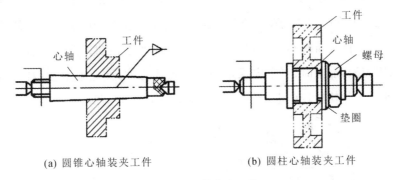

(a) 圆锥心轴装夹工件   (b) 圆柱心轴装夹工件

图 2-13   心轴装夹工件

7. 中心架和跟刀架的使用

当车削长度为直径 20 倍以上的细长轴或端面带有深孔的细长工件时,由于工件自身的刚性很差,受切削力的作用往往容易产生弯曲变形和振动,车削加工容易把工件车成两头细中间粗的腰鼓形。为防止上述现象发生,需要附加辅助支承,即中心架或跟刀架。中心架主要用于加工有台阶或需要调头车削的细长轴(见图 2-14),以及端面和内孔(钻中孔)。中心架固定在床身导轨上,车削前调整其上的可调节支承爪与工件轻轻接触,并加上润滑油。

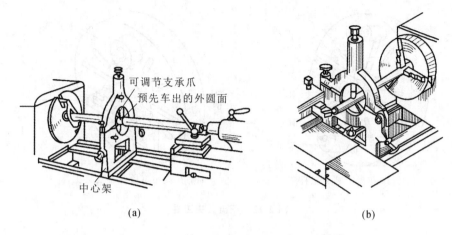

图 2-14 用中心架辅助车削外圆、内孔及端面

对不适宜调头车削的细长轴,不能用中心架支承,而要用跟刀架支承,再进行车削,以增加工件的刚性。如图 2-15 所示,跟刀架固定在床鞍上,一般有两个支承爪,它可以跟随车刀移动,抵消径向切削力,提高车削细长轴的形状精度和减小其表面粗糙度。如图 2-16(a)所示为两爪跟刀架,此时车刀给工件的切削抗力使工件贴在跟刀架的两个支承爪上,但由于工件自身的重量以及偶然的弯曲,车削时工件会瞬时离开和接触支承爪,因而产生振动。比较理想的跟刀架是三爪跟刀架,加工时,三个支承爪和车刀抵住工件,使之上下、左右都不能移动,车削时工件就比较稳定,不易产生振动,如图 2-16(b)所示。

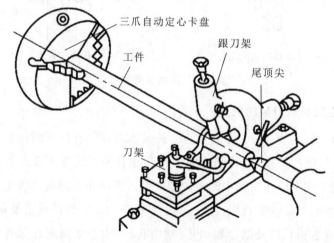

图 2-15 用跟刀架辅助车削工件

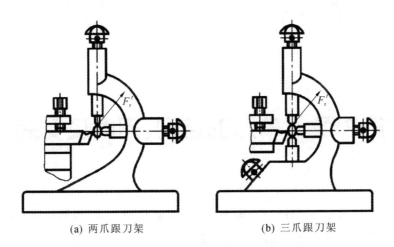

(a) 两爪跟刀架　　　　　　　(b) 三爪跟刀架

图 2-16　跟刀架支承车削细长轴

第3章 车刀的结构、刃磨及安装

　　车刀按结构分为四种形式,即整体式、焊接式、机夹式、可转位式,如图 3-1 所示。车刀的结构特点及适用场合见表 3-1。

(a) 整体式　　　(b) 焊接式　　　(c) 机夹式　　　(d) 可转位式

图 3-1　车刀的结构

表 3-1　车刀的结构特点及适用场合

形式	结构特点	适用场合
整体式	用整体高速钢制造,刀口可磨得较锋利	小型车床或加工非铁金属,低速切削
焊接式	焊接硬质合金,结构紧凑,使用灵活	各类车刀,特别是小刀具
机夹式	避免了焊接产生的应力、裂纹等缺陷,刀杆利用率高;刀片可集中刃磨获得所需参数,使用灵活方便	车外圆、车端面、镗孔、切断、车螺纹等
可转位式	避免了焊接刀的缺点,刀片可快速转位;生产效率高;断屑稳定;可使用涂层刀片	大中型车床加工外圆、端面、镗孔,特别适用于自动线、数控机床

　　车刀由刀头和刀杆两部分所组成,如图 3-2 所示。刀头是车刀的切削部分,刀杆是车刀的夹持部分。

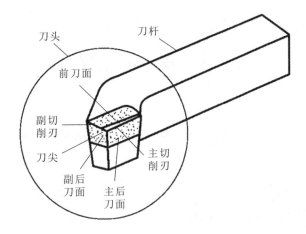

图 3-2　车刀的组成

车刀的切削部分由一尖、二刃、三面所组成。

（1）前刀面：切削时，切屑流出所经过的表面。

（2）主后刀面：切削时，与工件加工表面相对的表面。

（3）副后刀面：切削时，与工件已加工表面相对的表面。

（4）主切削刃：前刀面与主后刀面的交线。它可以是直线或曲线，担负着主要的切削工作。

（5）副切削刃：前刀面与副后刀面的交线。一般只担负少量的切削工作。

（6）刀尖：主切削刃与副切削刃的相交部分。为了强化刀尖，常将其磨成圆弧形或一小段直线，称为过渡刃，如图 3-3 所示。

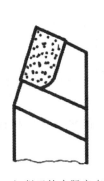  

（a）切削刃的实际交点　　　　（b）圆弧过渡刃　　　　（c）直线过渡刃

图 3-3　刀尖的形成

3.1　车刀的角度

车刀的主要角度有前角 γ_0、后角 α_0、主偏角 κ_r、副偏角 κ_r' 和刃倾角 λ_s。

1. 前角 γ_0

前刀面与基面之间的夹角称为前角,表示前刀面的倾斜程度。前角可分为正前角、负前角、零角,前刀面在基面之下则前角为正值,反之为负值,相重合为零。一般所说的前角是指正前角。图 3-4 为前角与后角的剖视图。

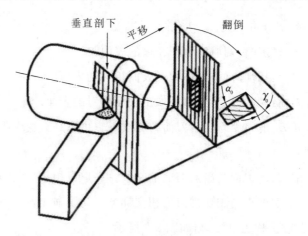

图 3-4　前角与后角的剖视图

前角的作用:增大前角,可使刀刃锋利、切削力降低、切削温度低、刀具磨损小、表面加工质量高。但过大的前角会使刃口强度降低,容易造成刃口损坏。

选择原则:用硬质合金车刀加工钢件(塑性材料等),γ_0 一般选取 $10°\sim20°$;加工灰口铸铁(脆性材料等),γ_0 一般选取 $5°\sim15°$。

精加工时,可取较大的前角,粗加工应取较小的前角。工件材料的强度和硬度大时,前角取较小值,有时甚至取负值。

2. 后角 α_0

主后刀面与切削平面之间的夹角称为主后角,表示主后刀面的倾斜程度。副后刀面与切削平面之间的夹角称为副后角,表示副后刀面的倾斜程度。

后角的作用:减少主(副)后刀面与工件之间的摩擦,并影响刃口的强度和锋利程度。

选择原则:α_0 一般可取 $6°\sim8°$。

3. 主偏角 κ_r

主切削刃与进给方向在基面上投影间的夹角称为主偏角,如图 3-5 所示。

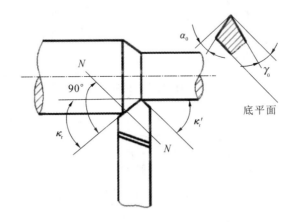

图 3-5　车刀的主偏角与副偏角

主偏角的作用:影响切削刃的工作长度(见图 3-6)、切削深度抗力、刀尖强度和散热条件。主偏角越小,切削刃工作长度越长,散热条件越好,但切削深度抗力越大,如图 3-7 所示为主偏角改变时径向力的变化图。

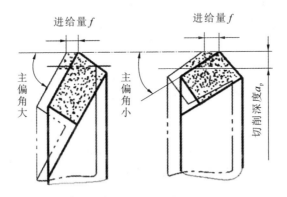

图 3-6　主偏角改变对切削刃工作长度的影响

选择原则:车刀常用的主偏角有 $45°$、$60°$、$75°$、$90°$几种。工件粗大、刚性好时,主偏角可取较小值。车细长轴时,为了减少径向力引起的工件弯曲变形,主

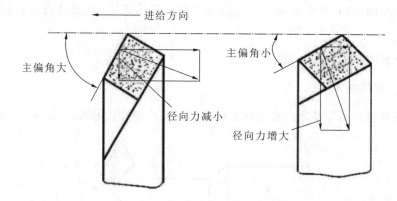

图 3-7　主偏角改变时径向力的变化图

偏角宜选取较大值。

4. 副偏角 κ_r'

副切削刃与进给方向在基面上投影间的夹角称为副偏角,如图 3-5 所示。

副偏角的作用:影响已加工表面的表面粗糙度,如图 3-8 所示,减小副偏角可使已加工表面更光洁。

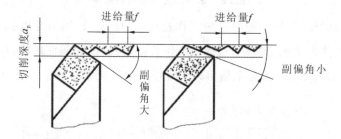

图 3-8　副偏角对已加工表面的表面粗糙度的影响

选择原则:κ_r' 一般选取 $5°\sim15°$,精车时可取 $5°\sim10°$,粗车时取 $10°\sim15°$。

5. 刃倾角 λ_s

主切削刃与基面间的夹角称为刃倾角,刀尖为主切削刃最高点时,刃倾角为正值,切屑对刀具产生压力。若压力使刀头及刀口部分损坏,则刀头强度性能较差;反之则表示刀头强度性能好,刃倾角对刀头强度的影响如图 3-9 所示。

刃倾角的作用:主要影响主切削刃的强度和控制切屑流出的方向。以刀杆底面为基准,当刀尖为主切削刃最高点时,λ_s 为正值,切屑流向待加工表面,如图 3-10(a)所示;当主切削刃与刀杆底面平行时,$\lambda_s=0°$,切屑沿着垂直于主切削刃的方向流出,如图 3-10(b)所示;当刀尖为主切削刃最低点时,λ_s 为负值,切屑流向已加工表面,如图 3-10(c)所示。

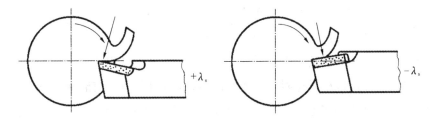

图 3-9 刃倾角对刀头强度的影响

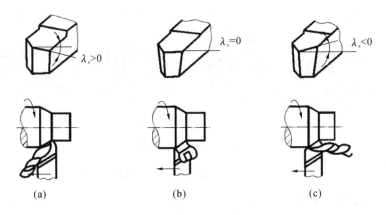

(a) (b) (c)

图 3-10 刃倾角对切屑流向的影响

选择原则:λ_s 一般在 $0° \sim \pm 5°$ 之间选择。粗加工时,λ_s 常取负值,虽切屑会流向已加工表面,但保证了主切削刃的强度。精加工时,λ_s 常取正值,切屑流向待加工表面,不会划伤已加工表面。

3.2 车刀的刃磨

车刀在使用之前都要根据切削条件所选择的合理切削角度进行刃磨,一把用钝了的车刀,为恢复原有的几何形状和角度,也必须重新刃磨。

1. 刃磨步骤

(1) 磨前刀面:把前角和刃倾角磨正确(见图 3-11(a))。

(2) 磨主后刀面:把主偏角和主后角磨正确(见图 3-11(b))。

(3) 磨副后刀面:把副偏角和副后角磨正确(见图 3-11(c))。

(4) 磨刀尖圆弧:圆弧半径为 0.5~2 mm(见图 3-11(d))。

(5) 研磨刀刃:车刀在砂轮上磨好以后,再用油石加些润滑油,研磨车刀的前面及后面,使刀刃锐利和光洁。这样可延长车刀的使用寿命。车刀用钝了的程度不大时,也可用油石在刀架上修磨。硬质合金车刀可用碳化硅油石修磨。

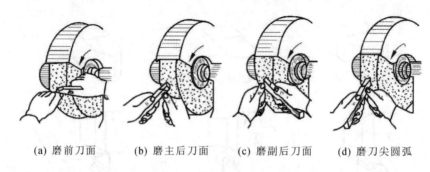

(a) 磨前刀面   (b) 磨主后刀面   (c) 磨副后刀面   (d) 磨刀尖圆弧

图 3-11 刃磨车刀的一般步骤

2. 刃磨注意事项

(1) 刃磨时,人应站在砂轮的侧前方,双手握稳车刀,用力要均匀。

(2) 刃磨时,将车刀左右移动着磨,否则会使砂轮产生凹槽。

(3) 磨硬质合金车刀时,不可把刀头放入水中,以免刀片突然受冷收缩而碎裂。磨高速钢车刀时,要经常冷却,以免失去硬度。

3.3 车刀的种类和用途

在车削过程中,由于零件的形状、大小和加工要求不同,采用的车刀也不相同。车刀的种类很多,用途各异,常用车刀的种类和用途如图 3-12 所示。

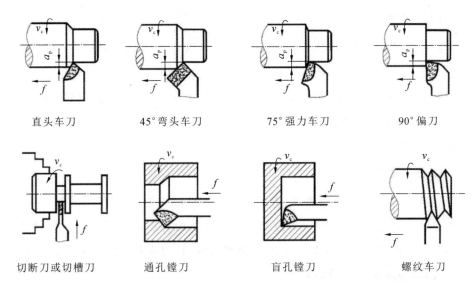

直头车刀   45°弯头车刀   75°强力车刀   90°偏刀

切断刀或切槽刀   通孔镗刀   盲孔镗刀   螺纹车刀

图 3-12 常用车刀的种类和用途

1. 外圆车刀

外圆车刀主要用于车削外圆、平面和倒角。外圆车刀一般有三种形状。

(1) 直头车刀:主偏角与副偏角基本对称,一般在 45°左右,前角可在 5°~ 30°之间选用,后角一般为 6°~12°。

(2) 45°弯头车刀:主要用于车削不带台阶的光轴,它可以车削外圆、端面和倒角,使用比较方便,刀头和刀尖部分强度高。

(3) 75°强力车刀:主偏角为 75°,适用于粗车加工余量大、表面粗糙、有硬皮或形状不规则的工件,它能承受较大的冲击力,刀头强度高,耐用度高。

2. 偏刀

偏刀的主偏角为 90°,用来车削工件的端面和台阶,有时也用来车削外圆,特别是用来车削细长工件的外圆,可以避免把工件顶弯。偏刀分为左偏刀和右偏刀两种,常用的是右偏刀,它的刀刃向左。

3. 切断刀和切槽刀

切断刀的刀头较长,其刀刃亦狭长,这是为了减少工件材料消耗和保证切断时能切到中心。因此,切断刀的刀头长度必须大于工件的半径。

切槽刀与切断刀基本相似,只不过其形状应与槽间一致。

4. 镗孔刀

镗孔刀又称扩孔刀,用来加工内孔。它可以分为通孔镗刀和盲孔镗刀两种。通孔镗刀的主偏角小于 90°,一般在 45°～75°之间,副偏角为 20°～45°。镗孔刀的后角应比外圆车刀稍大,一般为 10°～20°。盲孔镗刀的主偏角应大于90°,刀尖在刀杆的最前端,为了使内孔底面车平,刀尖与刀杆外端距离应小于内孔的半径。

5. 螺纹车刀

螺纹按牙型分有三角螺纹、矩形螺纹和梯形螺纹等,相应使用的有三角螺纹车刀、矩形螺纹车刀和梯形螺纹车刀等。螺纹的种类很多,其中以三角螺纹应用最广。采用三角螺纹车刀车削公制螺纹时,其刀尖角(主切削刃与副切削刃的夹角)必须为 60°,前角取 0°。

3.4 车刀的安装

车削前必须把选好的车刀正确安装在方刀架上,车刀安装的好坏,对操作顺利与否和加工质量高低都有很大影响。安装车刀时应注意下列几点,如图3-13所示。

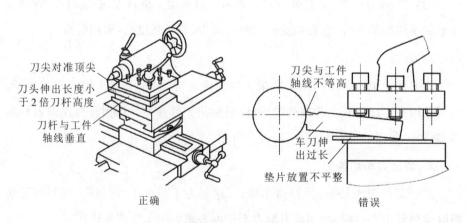

刀尖对准顶尖
刀头伸出长度小于 2 倍刀杆高度
刀杆与工件轴线垂直

刀尖与工件轴线不等高
车刀伸出过长
垫片放置不平整

正确   错误

图 3-13 车刀的安装

（1）车刀刀尖应与工件轴线等高。如果车刀装得太高,则车刀的主后刀面会与工件产生强烈的摩擦;如果车刀装得太低,切削就不顺利,可能导致工件被抬起来,甚至使工件从卡盘上掉下来,或把车刀折断。为了使车刀刀尖对准工件轴线,可按车床尾座顶尖的高低进行调整。

（2）车刀不能伸出太长。若车刀伸得太长,切削起来容易发生振动,使车削出来的工件表面粗糙,甚至会把车刀折断。但车刀也不宜伸出太短,太短会使车削不方便,容易导致刀架与卡盘碰撞。一般车刀伸出长度不超过刀杆高度的2 倍。

（3）每把车刀安装在刀架上时,不可能刚好对准工件轴线,一般会低些,因此可用一些厚薄不同的垫片来调整车刀的高低。垫片必须平整,其宽度应与刀杆一样,长度应与刀杆被夹持部分一样,同时应尽可能用少量厚垫片来代替大量薄垫片的使用。在调整车刀的高低位置时,垫片用得过多会造成车刀在车削时接触刚度变差而影响加工质量。

（4）车刀刀杆应与车床主轴轴线垂直。

（5）车刀位置装正后,应交替拧紧刀架螺钉。

第4章 车床操作及车削训练

C6132 型普通车床的手柄位置如图 4-1 所示。调整车床各部位的手柄,可以变换各自对应的主轴转速、进给速度、进刀量等车削参数;操纵机床相关的手柄,可以实现主轴正转、主轴反转、自动走刀、车削螺纹、换刀、钻孔等车削加工操作。

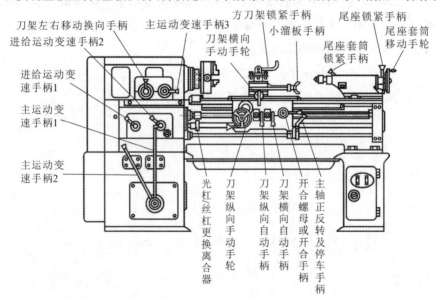

刀架左右移动换向手柄
进给运动变速手柄2
主运动变速手柄3
方刀架锁紧手柄
尾座锁紧手柄
小溜板手柄
刀架横向手动手轮
尾座套筒移动手轮
尾座套筒锁紧手柄
进给运动变速手柄1
主运动变速手柄1
主运动变速手柄2
光杠丝杠更换离合器
刀架纵向手动手轮
刀架纵向自动手柄
刀架横向自动手柄
开合螺母或开合手柄
主轴正反转及停车手柄

图 4-1 C6132 型普遍车床的手柄位置

4.1 车床基本操作训练

普通车削加工基本操作

训练前应先检查各手柄是否处于正确的位置,准确无误后

30

再进行车削训练。

1. 主轴正反转及停车训练

操作顺序:电动机启动→操纵主轴正转→停止主轴转动→操纵主轴反转→停止主轴转动→停止电动机。

开启电动机开关,提起主轴正反转及停车手柄至正转位置,主轴正转;将该手柄下压放在中间停止位置,主轴转动停止;将手柄继续下压至反转位置,主轴反转;提起手柄至中间停止位置,主轴转动停止;关闭电动机开关。

2. 变换主轴转速训练

在主轴停止转动的状态下,变动变速箱和主轴箱外面对应的变速手柄,可得到各自对应的主轴转速(参照机床主轴转速变动铭牌)。当变速手柄拨动不顺利时,可用手稍微转动卡盘。变速手柄必须拨动到位,否则启动机床时,主轴可能不运动或发生打齿现象。

注意:变换主轴转速训练必须在主轴完全停止转动时进行,否则可能发生严重的主轴箱内齿轮打齿现象,甚至发生机床事故。进行车前训练前要检查各手柄是否处于正确位置。

3. 变换进给量训练

按所选的进给量查看进给箱上的进给量表铭牌,再按铭牌上标示的进给运动变速手柄位置来对变速手柄进行调整,即可调整至所选定的进给量。

4. 纵向和横向手动进给训练

操作顺序:电动机启动→操纵主轴转动→手动横向进给→手动退回→机动横向进给→手动退回→手动纵向进给→手动退回→机动纵向进给→手动退回→停止主轴转动→关闭电动机。

左手握刀架纵向手动手轮,右手握刀架横向手动手轮,分别沿顺时针和逆时针方向旋转手轮,操纵刀架和溜板箱的移动方向。此操作必须训练至熟练程度并形成肌肉记忆,以免操作失误造成事故。

熟悉、掌握纵向或横向机动进给的操作:光杠、丝杠更换离合器位于光杠接通位置上,将刀架纵向自动手柄提起即可进行纵向机动进给,如将刀架横向自动手柄向上提起即可进行横向机动进给。分别向下扳动则可停止纵、横机动进给。

5. 尾座的操作训练

尾座靠手动移动,它依靠紧固螺栓、螺母来固定。转动尾座套筒移动手轮,可使套筒在尾座内移动(具体可见在车床上钻孔的操作说明);转动尾座锁紧手柄,可将套筒固定在尾座内。

4.2 刻度盘及刻度盘手柄的使用

车削时,为了正确、迅速地控制切削深度,必须熟练地使用中溜板和小溜板上的刻度盘。

1. 中溜板上的刻度盘

中溜板上的刻度盘紧固在中溜板丝杠轴上,丝杠螺母固定在中溜板上,当中溜板上的手柄带着刻度盘转一周时,中溜板丝杠也转一周,这时丝杠螺母带动中溜板移动一个螺距。所以中溜板横向进给的距离(即切削深度),可按刻度盘的格数计算。

刻度盘每转一格:横向进给的距离(mm)=丝杠螺距÷刻度盘格数

例如 C6132 型普通车床中溜板丝杠螺距为 4 mm,中溜板上的刻度盘等分为 200 格,当手柄带动刻度盘每转一格时,中溜板移动的距离为 $4 \div 200 = 0.02$ mm,即进刀切削深度为 0.02 mm。由于工件是旋转的,因此工件上被切下的部分是车刀切削深度的两倍,也就是说工件直径改变了 0.04 mm。

注意:进刻度时,如果刻度盘手柄转过了头,或试切后发现尺寸不对而需要将车刀退回时,由于丝杠与螺母之间有间隙存在,绝不能将刻度盘直接退回到所需要的刻度处,而应反转约一周后再转至所需要的刻度处,如图 4-2 所示。

2. 小溜板上的刻度盘

小溜板上的刻度盘的使用与中溜板上的刻度盘相同,应注意两个问题:C6132 型普通车床小溜板上的刻度盘每转一格,则带动小溜板移动的距离为 0.05 mm;小溜板上的刻度盘主要用于控制工件长度方向上的尺寸,与加工圆柱面不同的是小溜板移动了多少,工件的长度就改变了多少。

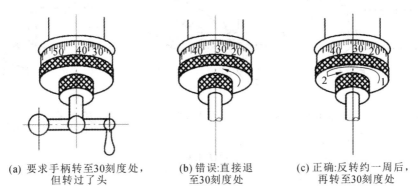

(a) 要求手柄转至30刻度处,
但转过了头

(b) 错误:直接退
至30刻度处

(c) 正确:反转约一周后,
再转至30刻度处

图 4-2　手柄转过头后纠正的方法

4.3　试切的方法与步骤

　　工件在车床上安装好以后,要根据工件的加工余量决定走刀次数和每次走刀的切削深度。半精车和精车时,为了确定切削深度,保证工件加工的尺寸精度,只靠刻度盘来进刀是不行的。因为刻度盘和丝杠都存在误差,往往不能满足半精车和精车的要求,这就需要采用试切的方法。试切的步骤如图 4-3 所示。

　　图 4-3 所示过程为试切的一个循环。一个循环后,如果尺寸还不符,则再次进刀,循环进行试切;如果尺寸合格了,就按确定下来的切削深度将整个表面加工完毕。

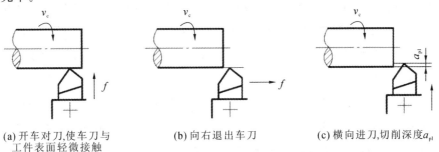

(a) 开车对刀,使车刀与
工件表面轻微接触

(b) 向右退出车刀

(c) 横向进刀,切削深度a_{p1}

图 4-3　试切的步骤

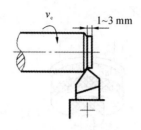

(d) 切削纵向长度1~3 mm

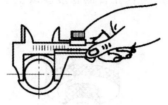
(e) 退出车刀,进行度量

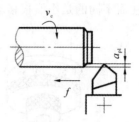
(f) 如果尺寸不符,
则再进刀,切削深度a_{p1}

续图 4-3

4.4　粗车和精车

在车床上,往往要经过许多车削步骤才能完成一个零件的加工。为了提高生产效率,保证加工质量,生产中把车削分为粗车和精车。如果零件精度要求高还需要磨削时,车削又可分为粗车和半精车。

粗车是为了尽快地从工件上切去大部分加工余量,使工件更接近最后的形状和尺寸。粗车要给精车留有合适的加工余量,而对精度和表面粗糙度等技术要求都较低。实践证明,加大切削深度不仅使生产效率提高,而且对车刀的耐用度影响也不大。因此,粗车时要优先选用较大的切削深度,其次根据情况适当加大进给量,最后选用中等偏低的切削速度。

粗车给精车(或半精车)留的加工余量一般为 0.5~2 mm。精车的目的是要保证零件的尺寸精度和表面粗糙度等技术要求,精加工的尺寸公差等级可达 IT9~IT7,表面粗糙度 Ra 值可达 0.8~1.6 μm。精车的车削用量如表 4-1 所示。其尺寸精度主要是依靠准确地度量、准确地进刻度并加以试切来保证的。因此,操作时要细心认真。

精车时,保证表面粗糙度要求的主要措施如下:采用较小的副偏角或使用磨有小圆弧的刀尖,这些措施都会减小残留面积,可使 Ra 值减小;选用较大的前角,并用油石把车刀的前刀面和后刀面打磨得光一些,也可使 Ra 值减小;合理选择切削用量,选用较高的切削速度、较小的切削深度以及较小的进给量,都有利于减小残留面积,从而降低表面粗糙度。

表 4-1　精车的车削用量

参数		a_p/mm	$f/(\mathrm{mm/r})$	$v_c/(\mathrm{m/min})$	刀具
车削铸铁件		0.1～0.15		60～70	YG6
车削钢件	低速	0.3～0.50	0.05～0.2	100～120	YT30
	高速	0.05～0.10		3～5	W18C4V

第5章 零件的车削

5.1 车 外 圆

在车削加工中,外圆车削是一道基础工序,绝大部分的工件加工都少不了外圆车削这道工序。车外圆时常见的方法有下列几种,如图 5-1 所示。

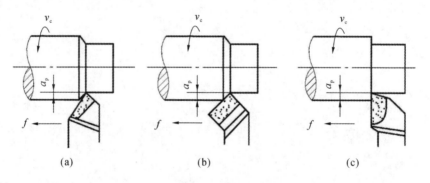

图 5-1 车外圆

(1)用直头车刀车外圆:这种车刀强度性能较好,常用于粗车外圆。

(2)用 45°弯头车刀车外圆:适于车削不带台阶的光滑轴。

(3)用主偏角为 90°的偏刀车外圆:适于加工细长工件的外圆。

5.2 车端面和台阶

圆柱体两端的平面叫作端面,由直径不同的两个圆柱体相连接的部分叫作台阶。

1. 车端面

车端面常用的刀具有偏刀和弯头车刀两种。

用右偏刀车端面(见图 5-2(a))时,如果由外向里进刀,是利用副刀刃在进行切削,故切削不顺利,表面也车不细,车刀嵌在中间,使切削力向里,因此车刀容易扎入工件而形成凹面;用左偏刀由外向中心车端面(见图 5-2(b))时,是用主切削刃切削,切削条件有所改善;用右偏刀由中心向外车端面(见图 5-2(c))时,是利用主切削刃在进行切削,切削顺利,也不易产生凹面。

用弯头车刀车端面,如图 5-2(d)所示,该方法用主切削刃进行切削,所以很顺利,如果适当提高转速也可车出粗糙度较低的表面。弯头车刀的刀尖角为90°,刀尖强度要比偏刀大,不仅可车端面,还可车外圆和倒角等。

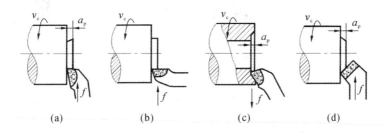

图 5-2 车端面

2. 车台阶

1) 低台阶车削方法

较低的台阶面可用偏刀在车外圆时一次走刀同时车出,车刀的主切削刃要垂直于工件的轴线,如图 5-3(a)所示。可用角尺对刀或以车好的端面来对刀,如图 5-3(b)所示,使主切削刃和端面贴平。

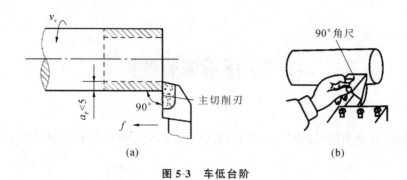

(a)   (b)

图 5-3   车低台阶

2）高台阶车削方法

车削高于 5 mm 的台阶时，因为工件肩部过宽，车削时会引起振动，所以可先用外圆车刀把台阶车成大致形状，然后将偏刀的主切削刃装得与工件轴线约成 95°，分多次进行纵向进给车削，如图 5-4 所示，但最后一刀必须用横走刀完成，否则会使车出的台阶偏斜。

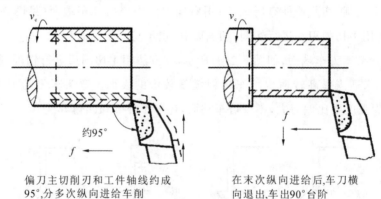

偏刀主切削刃和工件轴线约成   在末次纵向进给后，车刀横
95°，分多次纵向进给车削   向退出，车出90°台阶

图 5-4   车高台阶

为使车出的台阶长度符合要求，可用刀尖预先刻出线痕，以此作为加工界限。

5.3   切断和车外沟槽

在车削加工中，经常需要把过长的原材料切成一段一段的毛坯，然后再进行加工。也有一些工件是在车好以后,才从原材料上切下来的,这种加工方法叫切断。

有些工件在车螺纹或磨削时需要退刀,会在靠近台阶处车出各种不同的沟槽。

1. 切断刀的安装

(1)切断刀刀尖必须与工件轴线等高,否则不仅不能把工件切下来,而且很容易使切断刀折断,如图 5-5 所示。

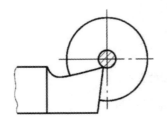

(a) 刀尖过低易被压断　　　　(b) 刀尖过高不易切削

图 5-5　切断刀的安装

(2)切断刀必须与工件轴线垂直,否则车刀的副切削刃将与工件两侧面产生摩擦。

(3)切断刀的底平面必须平直,否则会引起副后角的变化,在切断时切刀的某一副后刀面会与工件产生强烈摩擦。

2. 切断的方法

(1)切断直径小于主轴孔径的棒料时,可把棒料插在主轴孔中,用卡盘夹住,切断刀与卡盘的距离应小于工件的直径,否则容易引起振动或将工件抬起来而损坏车刀,切断的方法如图 5-6 所示。

(2)切断在两顶尖之间或一端用卡盘夹住、另一端用顶尖顶住的工件时,不可将工件完全切断。

3. 切断时应注意的事项

(1)切断刀本身的强度性能很差,很容易折断,所以操作时要特别小心。

(2)应采用较低的切削速度、较小的进给量。

(3)调整好车床主轴和刀架滑动部分的间隙。

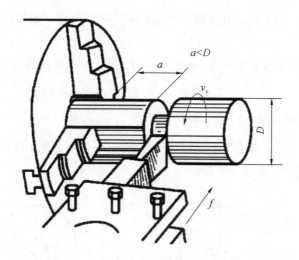

图 5-6　切断的方法

（4）切断时还应充分使用冷却液，使排屑顺利。

（5）快切断时还必须放慢进给速度。

4．车外沟槽的方法

（1）车削宽度不大的沟槽，可用刀头宽度等于槽宽的切槽刀一刀车出。

（2）切槽刀必须与工件轴线垂直，否则车刀的副切削刃将与工件两侧面产生摩擦，切槽刀的正确位置如图 5-7 所示。

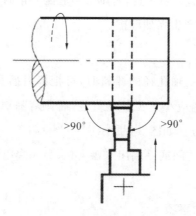

图 5-7　切槽刀的正确位置

（3）在车削较宽的沟槽时，应先用外圆车刀的刀尖在工件上刻两条线，把沟槽的宽度和位置确定下来，然后用切槽刀在两条线之间进行粗车，但这时必须在槽的两侧面和槽的底部留下精车余量,最后根据槽宽和槽底进行精车。

5.4 钻孔和镗孔

在车床上加工圆柱孔时,可以用钻头、扩孔钻、铰刀和镗刀进行钻孔、扩孔、铰孔和镗孔工作。

1. 钻孔、扩孔和铰孔

在实体材料上加工出孔的工作叫作钻孔。在车床上钻孔如图 5-8 所示,把工件装夹在卡盘上,钻头安装在尾座套筒锥孔内,钻孔前先车平端面,并定出一个中心凹坑,调整好尾座位置并将其紧固于床身上,然后开动车床,摇动尾座手柄使钻头慢慢进给,注意需要经常退出钻头,排出切屑。钻钢料时要不断注入冷却液。钻孔进给不能过猛,以免折断钻头,一般钻头越小,进给量也越小,但切削速度可加大。钻大孔时,进给量可大些,但切削速度应放慢。当孔将被钻穿时,因为横刃不参加切削,应减小进给量,否则容易损坏钻头。孔被钻通后应先把钻头退出再停车。钻孔的精度较低、表面较粗糙,此加工方式多用于对孔的粗加工。

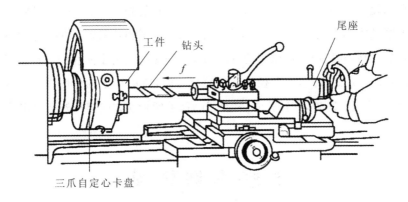

图 5-8 在车床上钻孔

扩孔属于铰孔前或磨孔前的预加工,常使用扩孔钻对工件上已有的孔进行预加工。

为了提高孔的精度和降低其表面粗糙度,常用铰刀对钻孔或扩孔后的工件再进行精加工。

在车床上加工直径较小而精度要求较高和表面粗糙度要求较小的孔时,通常采用钻、扩、铰的连续加工工艺。

2. 镗孔

镗孔是对钻出、铸出或锻出的孔的进一步加工,以达到图纸上精度、表面粗糙度等技术要求,如图 5-9 所示。在车床上镗孔要比车外圆困难,因刀杆直径比外圆车刀小得多,而且伸出部分很长,往往因刀杆刚性不足而引起振动,所以切削深度和进给量都要比车外圆时小些,切削速度也要降低 $10\%\sim20\%$。镗盲孔时,会存在排屑困难,所以进给量应更小些。

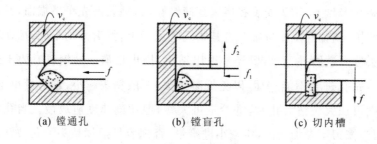

(a) 镗通孔　　　　　(b) 镗盲孔　　　　　(c) 切内槽

图 5-9　镗孔

镗孔刀应尽可能选择粗壮的刀杆,刀杆装在刀架上时伸出的长度只要略大于孔的深度即可,这样可减少因刀杆太细而引起的振动。装刀时,刀杆中心线必须与进给方向平行,刀尖应对准孔的中心,精镗或镗小孔时可略微装高一些。

粗镗和精镗时,应采用试切的方法调整切削深度。为了防止因刀杆细长而在切削时造成一定的锥度,当孔径接近最后尺寸时,应用很小的切削深度重复镗削几次,消除锥度。另外,在镗孔时一定要注意,手柄转动方向与车外圆时相反。

5.5　车圆锥面

圆锥面具有配合紧密、定位准确、装卸方便等优点,并且即使发生磨损,仍能保持精密的定心和配合作用,因此圆锥面应用广泛。

圆锥分为外圆锥(圆锥体)和内圆锥(圆锥孔)两种。

圆锥体大端直径 D 为

$$D = d + 2l\tan\alpha$$

圆锥体小端直径 d 为

$$d = D - 2l\tan\alpha$$

式中：l——锥体部分长度；

　　α——斜角，2α——锥角。

锥度 C 为

$$C = \frac{D-d}{l} = 2\tan\alpha$$

斜度 M 为

$$M = \frac{D-d}{2l} = \tan\alpha = \frac{C}{2}$$

圆锥面的车削方法有很多种,比如转动小溜板法(见图 5-10)、偏移尾座法(见图 5-11)、利用靠模法和样板刀法等,现仅介绍转动小溜板法车圆锥面。

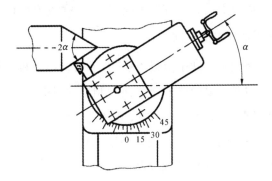

图 5-10　转动小溜板法

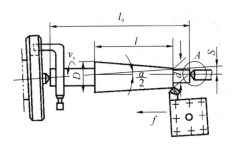

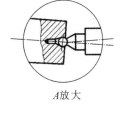

A放大

图 5-11　偏移尾座法

车削长度较短或锥度较大的圆锥体和圆锥孔时常采用转动小溜板法,这种方法操作简单,能保证一定的加工精度,所以应用广泛。车床上小溜板转动的角度就是斜角 α,尾座顶尖偏移距离为 S。将小溜板转盘上的螺母松开,与基准零线对齐,然后固定转盘上的螺母,摇动小溜板手柄开始车削,使车刀沿着锥面母线移动,即可车出所需要的圆锥面。这种方法的优点是能车出整个圆锥体和圆锥孔,能车锥度很大的工件,但只能手动进刀,劳动强度较大,表面粗糙度也难以控制,且受小溜板行程限制,因此只能加工锥面不长的工件。

5.6　车成形面

有些机器零件,如手柄、手轮、圆球、蜗轮等,它们不像圆柱面、圆锥面那样母线是一条直线,而是一条曲线,这样的零件表面叫作成形面。

在车床上加工成形面的方法有双手控制法、用样板刀法和用靠模板法等。

1. 双手控制法车球形成形面

双手控制法就是左手摇动中溜板手柄,右手摇动小溜板手柄,两手配合,使刀尖所走过的轨迹与所需要的成形面的曲线相同,如图 5-12 所示。在操作时,左、右手摇动手柄时要熟练,配合要协调,最好先做个样板,对照它来进行车削,如图 5-13 所示。双手控制法的优点是不需要其他附加设备,缺点是不容易将工件车得很光整,需要较高的操作技术,生产效率也很低。

图 5-12　双手控制纵、横向进给车成形面

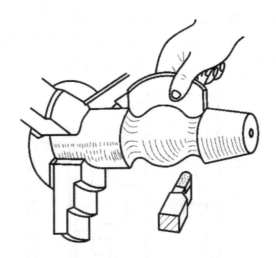

图 5-13　用样板对照来车成形面

使用双手来控制进给速度时,根据成形面的具体情况即不同的成形面、不同的位置,进给的速度会有所不同。

如图 5-14 所示:当车削到 A 点时,左手控制的中溜板进给速度要低,而右手控制的小溜板退刀速度要高;当车削到 B 点时,左手控制的中溜板进给速度与右手控制的小溜板退刀速度应该基本相同;当车削到 C 点时,左手控制的中溜板进给速度要高,而右手控制的小溜板退刀速度要低。

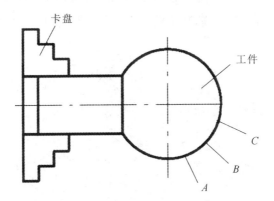

图 5-14　双手控制法车球形成形面

2. 成形车刀车成形面

用成形车刀车成形面如图 5-15 所示,要求刀刃形状与工件表面吻合,装刀时刃口要与工件轴线等高。由于车刀和工件接触面积大,容易引起振动,因此需要采用小切削量,只做横向进给,且要有良好的润滑条件。这种方法操作方便,生产效率高,且能获得精确的表面形状,但由于受工件表面形状和尺寸的限制,且刀具制造、刃磨较困难,因此只在成批生产较短成形面的零件时采用。

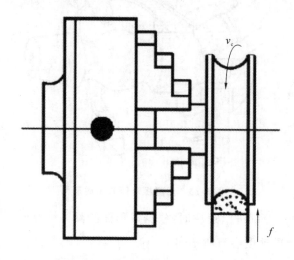

图 5-15　用成形车刀车成形面

3. 用靠模板车成形面

用靠模板车成形面的原理如图 5-16 所示。加工时,滚柱沿靠模板运动,尖头车刀刀尖的运动轨迹即与靠模板曲线相同。此法加工的工件尺寸不受限制,可采用机动进给,生产效率高,加工精度高,广泛用于批量生产中。

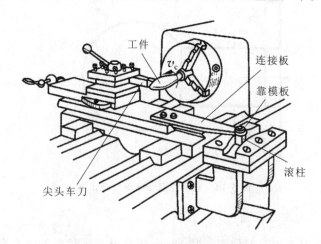

图 5-16　用靠模板车成形面的原理

5.7　车　螺　纹

将工件表面车削成螺纹的过程称为车螺纹。螺纹按牙型分有三角螺纹、矩形螺纹、梯形螺纹(见图 5-17)。其中普通公制三角螺纹应用最广,现介绍三角螺纹的车削。

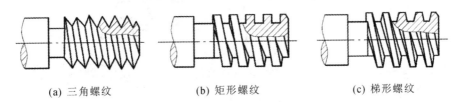

|(a) 三角螺纹|(b) 矩形螺纹|(c) 梯形螺纹|

图 5-17　螺纹的种类

1. 螺纹车刀的角度和安装

螺纹车刀的刀尖角直接决定螺纹的牙型角(螺纹一个牙两侧之间的夹角),公制三角螺纹牙型角为 $60°$,它与螺纹精度有很大的关系。螺纹车刀的前角对牙型角影响较大,如图 5-18 所示的三角螺纹车刀,车刀的前角大于或小于 $0°$ 时,所车出的螺纹牙型角会大于车刀的刀尖角,前角越大,牙型角的误差也就越大。精度要求较高的螺纹,常取车刀前角为 $0°$。粗车螺纹时为改善切削条件,螺纹车刀可取正前角。

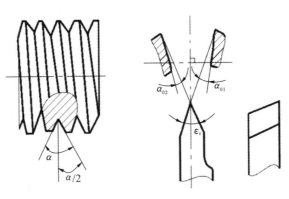

图 5-18　三角螺纹车刀

安装螺纹车刀时,应使刀尖与工件轴线等高,否则会影响螺纹的截面形状,并且刀尖的平分线要与工件轴线垂直。如果车刀装得左右歪斜,车出来的牙型就会偏左或偏右。为了使车刀安装正确,安装螺纹车刀时可用对刀样板对刀,如图 5-19 所示。

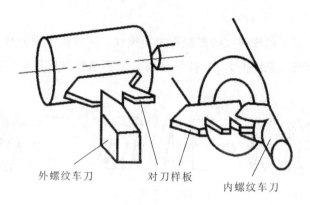

外螺纹车刀　　　对刀样板　　　内螺纹车刀

图 5-19　用对刀样板对刀

2. 螺纹的车削方法

首先,把工件的螺纹外圆直径按要求车好(应比规定要求小 $0.1 \sim 0.2$ mm),然后在螺纹上车一条标记,作为退刀标记,最后将端面车出倒角,装夹好螺纹车刀。其次,调整好车床,在车螺纹时,必须保证车刀在主轴每转一周产生一个等于螺距大小的纵向移动量。因为刀架是用开合螺母通过丝杠来带动的,只要选用不同的配换齿轮或改变进给箱手柄位置,即可改变丝杠的转速,从而车出不同螺距的螺纹。一般车床都配有完善的进给箱和挂轮箱,车削标准螺纹时,可以从车床的螺距指示牌中,找出进给箱各操纵手柄应放的位置再进行调整。车床调整好后,选择较低的主轴转速,开动车床,合上开合螺母,正反车数次后,检查丝杠与开合螺母的工作状态是否正常,为使刀具移动较平稳,需要消除车床各溜板间隙及丝杠螺母的间隙。车外螺纹操作步骤如图 5-20 所示。

螺纹车削的特点是刀架纵向移动比较快,因此操作时既要胆大心细,又要思想集中,动作迅速协调。车削螺纹的方法有直进切削法和左右切削法两种。现介绍直进切削法。

直进切削法,是在车削螺纹时车刀的左右两侧都参加切削,每次加深背吃刀量时,只由中溜板做横向进给,直至把螺纹工件车好为止的方法。这种方法

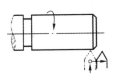

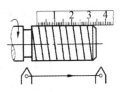

(a) 开车,使车刀与工件轻微接触,记下刻度盘读数,向右退出车刀

(b) 合上开合螺母,在工件表面上车出一条螺旋线,横向退出车刀,停车

(c) 开反转使车刀退到工件右端,停车,用钢直尺检查螺距是否正确

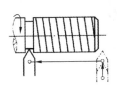
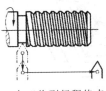
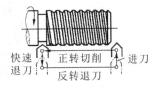

(d) 利用刻度盘调整切削深度,开车切削

(e) 车刀将到行程终点时,先快速退出车刀,开反转退回刀架

快速退刀　正转切削　进刀
反转退刀

(f) 再次横向切入,继续切削

图 5-20　车外螺纹操作步骤

操作简单,能保证牙型清晰,且车刀两侧刃所受的轴向切削分力有所抵消。但用这种方法车削时,排出的切屑会绕在一起,造成排屑困难。如果进给量过大,还会产生扎刀现象,把车刀敲坏,破坏牙型表面。同时车刀的受热和受力情况严重,刀尖容易磨损,螺纹表面粗糙度不易保证。直进切削法一般用于车削螺距较小和脆性材料的工件。

5.8　滚　花

有些机器零件或工具,为了便于握持和外形美观,往往会在工件表面上滚出各种不同的花纹,这种工艺叫滚花。这些花纹一般是在车床上用滚花刀滚压而成的,如图 5-21 所示。花纹有直纹和网纹两种,滚花刀也对应有直纹滚花刀和网纹滚花刀两种。

滚花的步骤如下。

(1) 将工件直径加工到 $\phi^{-0.2}_{-0.5}$ 左右。

(2) 将滚花刀安装在刀架上,并使滚花刀的表面与工件平行接触。

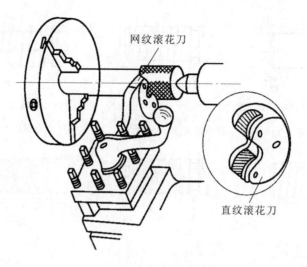

网纹滚花刀

直纹滚花刀

图 5-21　滚花

（3）调整机床转速，使切削速度 v_c 达到 $8\sim10$ m/min，并调整进给量和进给方向。

（4）调整初始花纹，并停机观察花纹是否正确。

（5）当初始花纹调整正确后，启动纵向自动进给，将工件上的花纹一次性滚压出来。

注意事项如下。

（1）由于滚花时径向压力大，所以工件和滚花刀必须装夹牢固。工件不可以伸出太长，一般长径比 $\dfrac{L}{D}\leqslant3$。

（2）如果工件太长，为防止其变形，需要用后顶尖支撑工件。调整初始花纹时，应尽量选择靠近支撑端。

（3）在滚花过程中，要充分供给冷却液，以防碾坏滚花刀并防止细屑滞塞在滚花刀内而产生乱纹。

第6章 车削工艺

6.1 机械加工工艺过程的相关概念

工艺过程是指直接改变原材料或毛坯的形状、尺寸等,使之成为成品的过程。

工艺过程的组成是:工序——安装——工步——走刀。

1. 工序

在一个工作地点或在一台机床上,对一个工件所连续完成的那部分工艺过程,称为工序。工序是工艺过程的基本单元,往往一个零件需要几个工序来完成。

2. 安装

工件在一次装夹内所完成的那部分工艺过程称为安装,在一个工序中可以包括一次或数次安装。

安装次数增多,就会降低加工精度,同时也会增加装卸工件的时间。在加工过程中,要尽可能减少安装次数。但是,在用前后顶尖装夹工件(轴类)的情况下,增加调头次数,反而可以保证和提高精加工质量。

3. 工步

在一个工序内的一次安装中,当加工表面、切削刀具、切削用量中的转速和进给量均保持不变时所完成的那部分工艺过程,称为工步。

以加工榔头柄为案例进行说明,如图 6-1 所示,材料采用 $\phi18$ mm 的圆棒料

（45 钢）。（具体操作视频可扫描二维码）

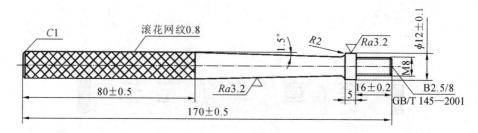

图 6-1 榔头柄

它在车床上的加工工艺过程可在一道工序中加工完成。具体分为下列工步。

第 1 工步：装夹工件长度 40 mm；平端面；划线 16 mm。

第 2 工步：加工 $\phi 8_{-0.2}^{0} \times 16$，倒角。

第 3 工步：套螺纹 M8。

第 4 工步：钻中心孔。

第 5 工步：装夹工件。用一夹一顶的方法夹持工件，工件长度大于

190 mm。

第 6 工步:粗加工。用 90°外圆车刀将工件外圆加工至 φ14 mm。

第 7 工步:半精加工。用 90°外圆车刀将 5 mm 台阶加工至 φ12.5 mm,长度为 20 mm,并将其剩余部分加工至 φ12 mm,长度大于 170 mm。

第 8 工步:划线。用 90°外圆车刀分别划出 5 mm 和 80 mm 的线。

第 9 工步:调整小溜板偏转 1.5°。

第 10 工步:锥面粗加工。用尖刀(分 2～3 刀)粗加工锥面。

普车-装顶尖

普车-外圆粗
加工工序讲解

普车-讲解车削外圆
工序及准备车削外圆

普车-车削外
圆粗加工

第 11 工步:精加工。用圆弧刀分别加工 5 mm 台阶和锥面。

第 12 工步:滚花。用滚花刀滚压出榔头柄部分的花纹。

第 13 工步:倒角。将 5 mm 台阶角倒钝。

普车-准备精加工
外圆工序操作

普车-精加工
外圆

普车-滚花加工

普车-工件后
处理修整

第 14 工步:切断。用切断刀对准 170 mm 处切断工件。

第 15 工步:检查工件长度。

第 16 工步:装夹工件。调头安装工件,长度为 20 mm。

第 17 工步:车端面。长度为 170 mm±0.5 mm。

第 18 工步:倒角 C1,取下工件。

普车-切断
工件 1

普车-切断
工件 2

普车-加工工件反面并
清扫保养机床整理工具

普车-清理车床
并保养机床

注意事项：

（1）整个加工过程要依照先基面后其他，先粗后精，先主后次，精度和表面粗糙度要求高的表面最后加工等原则；

（2）正确选择切削三要素，做到粗、精分明，换刀换速；

（3）随时检查尺寸，尽早发现问题。

4. 走刀

在一个工步中，如果加工余量很大，不能在一次走刀中完成，就可以进行多次分层车削，每次车削称为一次走刀。

走刀为工步的一部分，在这部分工作内切削用量、切削刀具均不改变。

在制订加工工艺卡时，主要制订工序和工步，对于走刀一般不作详细规定。

6.2 工 件 安 装

工件的安装包括定位与夹紧两个过程。定位是指使工件在机床上相对于刀具处于一个正确的位置。定位是靠定位基准与定位元件来实现的。定位基准是指工件上用以在机床上确定正确位置的表面（如平面、外圆、内孔、顶尖孔等）。定位元件是指与定位基准相接触且在夹具上的元件（如卡爪、V 形块、心轴、销、挡块等）。工件的夹紧是由夹具上的夹紧装置（如螺旋压板等）来完成的，以保证在切削力的作用下，工件的正确位置仍保持不变。例如在车床上车外圆时，用三爪自定心卡盘夹持工件，其外圆面即为定位基准，与外圆面相接触的三爪即为定位元件，也是夹紧元件。

定位基准可分为粗基准与精基准。粗基准是工件上的毛基准，只能用一次，不得重复使用。精基准是经过加工了的基准。以精基准定位，并遵循基准重合原则和基准同一原则，才能保证零件加工的质量。

6.3　加工顺序安排的一般原则

（1）先基面后其他：以粗基准定位后，首先加工出下一步加工所需要的精基准表面（基面）。

（2）先粗后精：先进行粗加工，以切除大部分加工余量；后进行精加工，以达到图纸上的各项技术要求。

（3）先主后次：先加工主要表面，以尽早发现该表面是否有缺陷；次要表面贯插安排加工。

（4）精度和表面粗糙度等技术要求高的表面最后加工。

本书习题与练习

1. 在车床上对零件进行加工的方法有哪些？

2. C6132 型普通车床主要由哪几部分组成？

3. 车细长轴时为了减少工件弯曲变形、提高加工质量,常采用哪些措施？

4. 在实训中使用的车床附件各具有哪些功能？

5. 车刀由哪几部分组成？各部分有哪些功能？

6. 刀具材料应具备哪些性能？

7. 车刀的主要角度有哪些？

8. 车刀有哪些种类？其用途有哪些？

9. 为什么说"车刀安装的好坏,对操作顺利与否和加工质量高低都有很大影响"？

10. 为了提高生产效率,保证加工质量,生产中把车削加工分为哪几个部分？各部分的作用是什么？

11. 在车床上加工成形面的方法有哪些？请简述其操作过程。

12. 什么是工艺过程？它包括哪些内容？

13. 简述加工工序安排的一般原则。

参 考 文 献

［1］ 王志海,舒敬萍,马晋.机械制造工程实训及创新教育教程［M］.北京:清华大学出版社,2018.

［2］ 彭江英,周世权.工程训练——机械制造技术分册［M］.武汉:华中科技大学出版社,2019.

［3］ 童幸生,江明.项目导入式的工程训练［M］.北京:机械工业出版社,2019.

［4］ 原北京第一通用机械厂.机械工人切削手册［M］.9 版.北京:机械工业出版社,2022.

［5］ 徐彬.车工(初级)［M］.北京:机械工业出版社,2022.

［6］ 徐彬.车工(高级)［M］.北京:机械工业出版社,2022.

［7］ 钟翔山.车削手册［M］.北京:化学工业出版社,2020.

参考文献